BEI GRIN MACHT SICH IHR WISSEN BEZAHLT

- Wir veröffentlichen Ihre Hausarbeit,
  Bachelor- und Masterarbeit

- Ihr eigenes eBook und Buch -
  weltweit in allen wichtigen Shops

- Verdienen Sie an jedem Verkauf

Jetzt bei www.GRIN.com hochladen
und kostenlos publizieren

Bibliografische Information der Deutschen Nationalbibliothek:

Die Deutsche Bibliothek verzeichnet diese Publikation in der Deutschen National-
bibliografie; detaillierte bibliografische Daten sind im Internet über http://dnb.d-
nb.de/ abrufbar.

Dieses Werk sowie alle darin enthaltenen einzelnen Beiträge und Abbildungen
sind urheberrechtlich geschützt. Jede Verwertung, die nicht ausdrücklich vom
Urheberrechtsschutz zugelassen ist, bedarf der vorherigen Zustimmung des Verla-
ges. Das gilt insbesondere für Vervielfältigungen, Bearbeitungen, Übersetzungen,
Mikroverfilmungen, Auswertungen durch Datenbanken und für die Einspeicherung
und Verarbeitung in elektronische Systeme. Alle Rechte, auch die des auszugsweisen
Nachdrucks, der fotomechanischen Wiedergabe (einschließlich Mikrokopie) sowie
der Auswertung durch Datenbanken oder ähnliche Einrichtungen, vorbehalten.

Impressum:

Copyright © 2008 GRIN Verlag, Open Publishing GmbH
Druck und Bindung: Books on Demand GmbH, Norderstedt Germany
ISBN: 9783640550364

Dieses Buch bei GRIN:

http://www.grin.com/de/e-book/142981/eine-schulung-zur-einfuehrung-in-die-
ernaehrung

Angela Schickler

Eine Schulung zur Einführung in die Ernährung

Manual einer Seminareinheit zur individuellen und biografischen Dimension der Ernährung

GRIN Verlag

GRIN - Your knowledge has value

Der GRIN Verlag publiziert seit 1998 wissenschaftliche Arbeiten von Studenten, Hochschullehrern und anderen Akademikern als eBook und gedrucktes Buch. Die Verlagswebsite www.grin.com ist die ideale Plattform zur Veröffentlichung von Hausarbeiten, Abschlussarbeiten, wissenschaftlichen Aufsätzen, Dissertationen und Fachbüchern.

Besuchen Sie uns im Internet:

http://www.grin.com/

http://www.facebook.com/grincom

http://www.twitter.com/grin_com

Studiengang BA Gesundheitspädagogik

Manual

zum Sommer Semester 2008, zweites Fachsemester, Modul: Didaktik
und Methodik der Gesundheitspädagogik

Thema: Didaktik und Methodik der Ernährungsbildung

„Eine Schulung zur Einführung in die Ernährung;
Manual einer Seminareinheit zur individuellen und biografischen Dimension der Ernährung"

Themenbearbeiterin: Angela Schickler

INHALTSVERZEICHNIS

1.) ALLGEMEINE BESCHREIBUNGSKATEGORIEN DER SCHULUNG EINFÜHRUNG IN DIE ERNÄHRUNG

1.1 Ziel der Schulung

Ziel der Schulung ist es, den Teilnehmern/innen einen Einblick in eine bewusste und gesunde Ernährung zu geben. In den ersten vier Modulen wird Grundwissen zum Thema Ernährung erarbeitet. Dabei werden individuelle Vorlieben und Herangehensweisen berücksichtigt. Themen sind Nährstoffempfehlungen, Hauptnährstoffe, Vitamine, Mineralstoffe, unterschiedliche Garverfahren und Kochtechniken. Dabei steht eine lebensmittelgerechte Herangehensweise im Hinblick auf wenig Nährstoffzubereitungsverluste im Vordergrund. Bewusste und sinnliche Wahrnehmung wie riechen, schmecken, tasten und hören werden durch direkten Umgang mit Lebensmitteln, über Lebensmittelversuche, durch Kochen von Speisen und Verköstigungen der Mahlzeiten geschult. Die Schulung ist praxisbezogen angelegt und auf nachhaltiges und gesundes Ernährungsverhalten hin orientiert.

Um diese Effekte erzielen zu können, bedarf es im letzten Modul der Aufmerksamkeit gegenüber dem eigenen Essverhalten in Zusammenhang mit der eigenen Lebensgeschichte. Soziale, kulturelle, historische, politische, psychische und physische Einflüsse auf das Essverhalten werden berücksichtigt.

Durch eigenständiges Auswählen der Lebensmittel, durch gemeinsames Erörtern der Vor - und Nachteile lernen die Teilnehmer/innen ihre Konsumentscheidungen qualitätsorientiert zu treffen und gesunde Nahrungszubereitungsverfahren zu wählen. Nur durch ein selbständiges Zubereiten kann dies effektiv und nachhaltig geschult werden. Sie lernen sich selbst eine wohltuende, gesunde Lebensweise, ganz nach den persönlichen Ernährungsbedürfnissen zu gestalten.

1.2 Zielgruppe

Dieses Manual richtet sich an Frauen und Männer. Es wendet sich grundsätzlich an gesunde Menschen, die sich gerne mit einer gesunden Ernährung auseinander setzen wollen (homogene Motivationslage). Eine mögliche Alterseinschränkung wäre 17 - 60 Jahre. Eine Gruppe mit ähnlichem oder gleichem Bildungsniveau ist Voraussetzung.

1.3 Ausschlusskriterien

Personen mit chronischen Krankheiten, beziehungsweise mit bestimmten körperlichen oder psychischen Störungen sind hier nicht angesprochen. In diesem Fall müsste es ein speziell auf diese Personengruppe angepasstes Schulungsangebot geben. Im Weiteren wäre es nicht sinnvoll mit Menschen zu arbeiten, die selbst über viele Vorerfahrungen verfügen, oder mit Menschen die nur geringe Deutschkenntnisse haben.

1.4 Anwendungsbereich

Die Schulung ist besonders geeignet für die Erwachsenenbildung (in Form von Volkshochschulkursen, Kursen bei Krankenkassen, oder ähnlichen Einrichtungen). Da das Niveau bei einer homogenen Gruppe variabel ist, könnte die Schulung auch in der Berufsschule, im Bereich Haushalt, Gesamt-, Realschulen und Gymnasien ein geeignetes Setting sein.

1.5 Gruppenform

Die Schulung wird für eine geschlossene Gruppenform mit gleich bleibenden Teilnehmer/innen angelegt.

1.6 Teilnehmerzahl

Die Teilnehmeranzahl ist auf 12 Personen festgelegt. (Minimum 5 Personen, Maximal 15)

1.7 Schulungseinheiten: Anzahl, Dauer, Frequenz

Die Anzahle der Schulungen beträgt 15 einzelne Einheiten und ist in 5 Module mit jeweils 3 Seminareinheiten unterteilt. Ein Modul besteht aus 3 Seminaren. Eine Schulungseinheit dauert 90 Minuten. Vorteilhaft wäre, ein Modul pro Woche abzuschließen (keine Voraussetzung). In diesem Fall würde sich die Schulung über 5 Wochen erstrecken. Die Frequenz der einzelnen Seminareinheiten ist variabel, sollte aber möglichst den Abstand von einer Woche nicht überschreiten.

1.8 Flexibilität des Ablaufs

Die Seminareinheiten innerhalb eines Moduls sind nicht variabel. Auch das erste und das letzte Modul sind festgelegt. Die anderen Module sind möglicherweise untereinander vertauschbar.

1.9 Voraussetzungen: Räume

Schulungsraum mit benötigter Ausstattung von Tischen und Stühlen. Lehrküche mit ausgestatteter Kücheneinrichtung.

1.10 Voraussetzungen: Medien Materialien

Die benötigten Materialien und Medien sind unter den einzelnen Methoden angegeben.

2.) MODULÜBERSICHT DER SCHULUNG

Modul	Seminar 1	Seminar 2	Seminar 3
1	- Ankommen, kennen lernen - Wissenserarbeitung der Nährstoffempfehlung allgemein - Wissenserarbeitung über die Hauptnährstoffe	- Zusammenstellung und Selbstgestaltung von Rezepten mit hauptnährstoffreichen Lebensmitteln, Gestaltung eines Kochbuches - Gruppengespräch über die Machbarkeit und Umsetzung der selbst gestalteten Gerichte	- Zubereitung der selbst gestalteten Rezepte aus dem Kochbuch - Verkostung der Speisen
2	- Einstieg - Wissenserarbeitung über Vitamine - Kennen lernen von vitamingerechten Garverfahren (Dünsten und Dämpfen)	- Zusammenstellung und Selbstgestaltung von Rezepten mit unterschiedlichen vitaminreichen Lebensmitteln, unter Berücksichtigung vitamingerechter Garverfahren, Gestaltung eines Kochbuches - Gruppengespräch über die Machbarkeit und Umsetzung der selbst gestalteten Gerichte	- Zubereitung der selbst gestalteten Rezepte aus dem Kochbuch - Verkostung der Speisen
3	- Einstieg - Wissenserarbeitung über Mineralstoffe - Kennen lernen bestimmter Kochtechniken	- Zusammenstellung und Selbstgestaltung von Rezepten mit unterschiedlichen mineralstoffreichen Lebensmitteln unter Berücksichtigung erlernter Kochtechniken, Gestaltung eines Kochbuches - Gruppengespräch über die Machbarkeit und Umsetzung der selbst gestalteten Gerichte	- Zubereitung der selbst gestalteten Rezepte aus dem Kochbuch - Verkostung der Speisen
4	- Einstieg - Wissenserarbeitung über kritische Nährstoffe	- Zusammenstellung und Selbstgestaltung von Rezepten mit Lebensmitteln, die kritische Nährstoffe beinhalten - Berücksichtigung nährstoffgerechter Garverfahren, Gestaltung eines Kochbuches - Gruppengespräch über die Machbarkeit und Umsetzung	- Zubereitung der selbst gestalteten Rezepte aus dem Kochbuch - Verkostung der

		der selbst gestalteten Gerichte	Speisen
5	- Kulturelle Dimensionen der Ernährung - Essen ist Geschmackssache?!	- Soziale Dimensionen der Ernährung - Essen als Lebensstil - Ökonomische Dimensionen der Ernährung - Politische Dimensionen der Ernährung	- Individuelle und biografische Dimensionen der Ernährung - Abschlussrunde

3.) MODUL 5, SEMINAREINHEIT 3; SPEZIFISCHE BESCHREIBUNGSKATEGORIEN

3.1 Inhalte / Themen

Ernährung ist nicht nur individuelle Geschmackssache, sondern steht mit kulturellen psychischen, physischen, ökonomischen, politischen, historischen und sozialen Dimensionen in enger Verbindung. Das Ernährungsverhalten entwickelt sich im Laufe des gesamten Lebens. Jede Lebensphase bringt ihre speziellen Änderungen im Ernährungsverhalten mit sich. Verschiedene Komponenten wie Erfahrungen, Tischsitten, Zubereitungstechniken etc. wirken auf unsere Ernährungsgewohnheiten. Neue Erfahrungen prägen uns, Erlebnisse und Zielsetzungen wandeln sich.

In unsere Gesellschaft sind uns Unmengen verschiedener Lebensmittel zugänglich. Wir könnten die jenige Ernährungsweise wählen die uns anspricht, (z.B. eine vegetarische Ernährungsweise bevorzugen). Durch diese Freiheiten ist jeder Mensch für mögliche Folgen der Ernährung selbst verantwortlich. Das Schönheitsideal, jung und schlank zu sein, gilt als verwirklichbar. Ernährungsbedingte Krankheiten können vermieden werden. In der heutigen Zeit beginnen viele Mädchen sich immer früher mit Diäten zu ernähren. Wenn es nicht gelingt, das Idealgewicht seinem Schönheitsideal anzupassen, wird dies als persönliches Scheitern beurteilt. Jedes Individuum ist also herausgefordert, seine eigene Essbiografie zu gestalten.

Anknüpfend an die Erfahrungen aus der frühen Kindheit und Jugend, kann unsere Esskultur in allen biografischen Phasen unterschiedlichste Ausdrücke mit sich bringen: Lebensfreude, Suche nach Trost, Herstellung biografischer Kontinuität, Übernahme von Verantwortung, oder Flucht in eine Ersatzwelt. Hinter dem Ablehnen, sowie einer übermäßigen Aufnahme von Nahrungsmitteln verbergen sich oft Formen von Kompensationen. Gerade wenn biografische Umbruchssituationen bewältigt werden müssen, verändern wir oft unsere Ernährungsgewohnheiten.

Viele Faktoren des Lebens wirken auf unser Essverhalten. Um die Balance zu finden, bedarf es grundsätzlich der Fähigkeit zur Selbstreflexion. Dann sollten wir experimentierfreudig unsere vielfältigen Handlungsmöglichkeiten und Informationen nutzen.

Dabei berücksichtigen wir die eigene "Essbiografie".

Für die vorgeschlagene Hausaufgabe, dem Ernährungstagebuch, werden aktuelle Ernährungsgewohnheiten bewusst wahrgenommen, der Zusammenhang zur eigenen Ernährungsbiografie hergestellt und im Hinblick auf unser alltägliches Essenverhalten analysiert. Die Ergebnisse dieser Analyse tragen deutlich zu einem gesunden und wohl tunenden Lebensstil bei. Das Kochbuch der Schulung sollte als motivierender Einstieg einer bewussten Nahrungszubereitung und Veränderung des Essverhaltens dienen. Es fasst die gesamte Schulung in einem Werk zusammen und ist das Ergebnis der erarbeiteten theoretischen Inhalte.

Durch neue Lernprozesse erweitern wir unsere Erfahrungen und kommen zunehmend in die Lage, mehr Eigenverantwortung zu übernehmen.

3.2 Lernziele

3.2.1 Ziel der Einführungsrunde, der Methode „Kulinarischer Steckbrief"

Einführung zur eigenen Ernährungseinstellung. Aus unserer Gruppe verschiedene Zugänge
wahrnehmen und kennen lernen. Feststellung der individuellen Unterschiede.

3.2.2 Ziel der Methode „Eigene Essbiografie"

Reflexion der eigenen Essensgewohnheiten und Lebensereignisse, Umstände etc., die das
Essverhalten geprägt haben. Förderung und Wertschätzung des Andersseins durch
Entdecken von Besonderheiten und Gemeinsamkeiten.

3.2.3 Ziel der Methode „Ernährungstagebuch" (Hausaufgabe)

Überdenken des eigenen Essverhaltens hinsichtlich Gesundheit und Wohlbefinden, bzw.
hinsichtlich der selbst- und fremdbestimmten Ernährungsgewohnheiten. Wahrnehmung von
einem Zusammenhang zur eigenen Ernährungsbiografie. Beobachtung ob und wie sich das
Essverhalten bezüglich des Ernährungsseminars geändert hat. Es dient der persönlichen
Ernährungsverhaltensanalyse und ist gleichsam das „I Tüpfelchen" des bewussten Umgangs
mit der eigenen Ernährung.

3.2.5 Ziel der Methode „Kulinarisches Abschlussgeschenk"

Dadurch dass jede/r Teilnehmer/innen bei der Erarbeitung des gemeinsamen Kochbuchs
mitgewirkt hat, besitzt das kulinarische Abschlussgeschenk, das Gesamtwerk (alle Rezepte
aller Teilnehmer) einen persönlichen Wert. Die Kursteilnehmer bleiben dadurch miteinander
verbunden. Das Kochbuch ist das Ergebnis der theoretisch erarbeiteten Inhalte der gesamten
Schulung. Es ist eine Zusammenstellung vieler Gerichte welche den alltäglichen Transfer
des erlernten Umgangs mit Lebensmitteln um ein vielfaches vereinfachen.

3.2.4 Ziel der Feedbackrunde, der Methode „Erntewagen, Müllwagen"

Ziel ist das Feedback der Gruppe sichtbar zu machen. „Reiche Ernte" als ermutigender
Abschluss.

3.3 Methoden

3.3.1 Einführungsrunde; Kulinarischer Steckbrief

- *Zeit:* Es sind 10 Minuten vorgesehen.
- *Sitzordnung:* Außen in U Form eine gestellte Tischrunde, innen ein Stuhlkreis (der
Stuhlkreis wird nach der Einführungsrunde aufgelöst in dem die Stühle hinter die Tische
gestellt werden.
- *Material:* Für jede/n eine mit Fragen von der Seminarleitung vorbereiteten, bedruckte
Karte (Vorschlag der Karten befinden sich im Anhang), für jede/n einen Stift, Pinnwand und
Pinnnadeln.
- *Beschreibung:* Die Teilnehmer/innen füllen in Einzelarbeit ihren „kulinarischen
Steckbrief" aus. Die Steckbriefe werden kurz von jedem Teilnehmer vorgestellt und auf die
Pinnwand gepinnt.

3.3.2 Essbiografie

- *Zeit:* Es sind 50 Minuten vorgesehen. (Gestaltung des Plakats 30 Minuten; sich
gegenseitiges Vorstellen 20 Minuten.)

- Sitzordnung: Die Tische sind in U Form aufgestellt. Jeder Teilnehmer saß bei der Einführungsrunde auf einem Stuhl in einem Stuhlkreis. Er wurde aufgefordert seinen Stuhl hinter die Tische zu stellen. So hat jeder Teilnehmer einen eigenen Tisch und einen eigenen Stuhl zur Verfügung.

- Material: Für jeden Teilnehmer ein Plakat und Stifte. Von der Seminarleitung ein vorbereitetes Plakat mit Hilfestellungsfragen (Vorschlag des Plakates befindet sich im Anhang), Tesafilm, Pinwände und Pinnadeln.

- Beschreibung: Die Teilnehmer/innen zeichnen auf ein Plakat eine Linie, die ihr Leben darstellt. Darauf werden wichtige Daten von der Kindheit bis heute markiert (Geburt, Kindergarten, Schulanfang, Schulwechsel...). Dann wird anhand dieser Zeitlinie der Bezug zur Ernährungsbiographie hergestellt. Als Hilfestellung, was wichtige Anhaltspunkte in der Ernährungsbiografie sein könnten, wird von der Seminarleitung ein Plakat mit möglichen Fragen aufgehängt.

Die Ergebnisse werden nacheinander präsentiert und auf die Pinwände gepinnt.

- Hintergrundsinformation: Diese Methode setzt eine gute Vertrauensbasis der Teilnehmer innerhalb der Gruppe voraus, weshalb sie erst gegen Ende der Schulung stattfindet.

3.3.3 Ernährungstagebuch als Hausaufgabe

-Zeit: Es werden 5 Minuten für die Vorstellung der Hausaufgabe vorgesehen.

- Material: Informationsmaterial zu Aufgabenstellung (befindet sich im Anhang), Büchlein und Stifte.

- Beschreibung: Die Teilnehmer/innen bekommen die Aufgabe sich drei Tage lang Notizen zu machen, was sie täglich an Nahrung zu sich nehmen. Danach sollen die Teilnehmer das Ernährungstagebuch selbständig analysieren. Für die genaue Aufgabenstellung verteilt die Seminarleitung Informationsmaterial zur Hilfestellung.

Auf diese Weise kristallisiert sich ein deutlicheres Gefühl dafür heraus, ob jede/r mit seinem/ihrem Essverhalten zufrieden ist. Nach diesen drei Tagen, kann jede/r Teilnehmer/n für sich selbst auswerten, was er/sie gern verändern/verbessern möchte.

- Hintergrundinformation: Durch die knapp berechnete Zeit der Schulung, ist es leider nicht möglich, noch einmal die Ergebnisse der Ernährungstagebuchanalyse im Plenum zu besprechen. Jedoch ist die Aufgabenstellung im Zusammenhang mit der Methode Essbiografie besonders sinnvoll um sein persönliches Ernährungsverhalten besser verstehen zu können.

3.3.4 Kulinarisches Abschlussgeschenk

- Zeit: Es werden 5 Minuten vorgesehen.

- Sitzordnung: Die Tische und Stühle bleiben in U Form aufgestellt.

- Material: Während der gesamten Schulungseinheiten wurden von den Teilnehmern/innen Kochbücher erstellt. Für jede/n Teilnehmer/in wird von der Seminarleitung vor der Einheit eine gebundene Kopie des Gesamtwerks zusammengestellt.

- Beschreibung: Jede/r Teilnehmer/in bekommt von der Seminarleitung ein kulinarisches Abschlussgeschenk in Form eines Kochbuchs überreicht.

3.3.5 Feedbackrunde; Erntewagen, Müllwagen

- Zeit: Es werden 15 Minuten vorgesehen.

- Sitzordnung: Die Tische und Stühle bleiben in U Form aufgestellt.

- Material: Zwei Plakate. Auf einem der Plakate befindet sich eine Abbildung eines Erntewagens, auf dem anderen die Abbildung eines Müllwagens (Vorschlag der Abbildungen für die Plakaten befindet sich im Anhang), Tesafilm.

- Beschreibung: Im Kursraum werden beide Plakate aufgehängt. Die Teilnehmer/innen werden aufgefordert durch Zurufe aufzuzählen, was sie aus dem Kurs als „Ernte" mit nach Hause nehmen. Dabei sollen nicht nur sachliche Inhalte, sondern auch persönliche Erlebnisse ausgesprochen werden. „Reiche Ernte", als ermutigender Abschluss: Der Kurs möchte Früchte tragen, die man als Ernte mit nach Hause nehmen will. In den Müllwagen wird alles notiert, was künftig unbrauchbar ist. Zuletzt betrachtet die Gruppe noch einmal beide Plakate und die Seminarleitung zieht ein Resümee.

4.) MANUAL FÜR MODUL 5, SEMINAREINHEIT 3; THEMA: INDIVIDUELLE UND BIOGRAFISCHE DIMENSIONEN DER ERNÄHRUG

Thema	Inhalt und Aufbau	Methode	Material
- Begrüßung, - Einführung in das Thema durch die Seminar- leitung	„Ich begrüße Sie herzlich zur letzten Seminareinheit der Schulung. Heute werden wir gemeinsam die individuellen und biografischen Dimensionen der Ernährung kennen lernen." „Ernährung ist nicht nur individuelle Geschmackssache wie wir inzwischen wissen, sonder steht mit vielen unterschiedlichen Themen in Verbindung." „Einige dieser Themen haben Sie schon in den vorigen Seminareinheiten kennen gelernt. (Die kulturelle, die soziale, die ökonomisch und die politische Dimension der Ernährung.)" „Die individuelle und biografische Dimension der Ernährung orientiert sich allein an unserer persönlichen Ernährung." „Unser eigenes Ernährungsverhalten entwickelt sich im Laufe des gesamten Lebens. Jede Lebensphase bringt spezielle Änderungen im Ernährungsverhalten mit sich. Verschiedene Komponenten wie Erfahrungen, Tischsitten, Zubereitungstechniken etc. wirken auf unsere Ernährungsgewohnheiten. Neue Erfahrungen prägen uns, Erlebnisse und Zielsetzungen wandeln sich. Unserer Gesellschaft sind z.B. Unmengen an verschiedenen Lebensmitteln zugänglich. Wir könnten uns eine vegetarische Lebensweise aussuchen. Viele unterschiedliche Möglichkeiten stehen für jedes Individuum zur Verfügung. Jeder Mensch ist für seine eigene Ernährung verantwortlich. Das Schönheitsideal jung und schlank zu sein, gilt als verwirklichbar. Ernährungsbedingte Krankheiten (z.B. Adipositas) können vermieden werden. Wenn es nicht gelingt, das Idealgewicht seinem Schönheitsideal anzupassen, wird dies als persönliches Scheitern empfunden. Diese und andere Faktoren wirken auf unser Essverhalten. Jedes Individuum ist also herausgefordert, seine eigene Ernährung zu gestalten." „Um eine gesunde und ausgewogene Balance zu finden, bedarf es grundsätzlich der Fähigkeit zur Selbstreflexion des eigenen Ernährungsverhaltens über die Lebensspanne hinweg, bis hin zur aktuellen Ernährungssituation."	- Kulinar- ischer Steckbrief (ca. 10 min.)	
- Überblick über die Seminar- einheit geben (von der Seminar- leitung)	„Wir werden mit einer Einführungsrunde beginnen und uns dann unserer eigenen Ernährungsbiografie zuwenden. In diesem Zusammenhang stelle ich Ihnen noch eine weiterführende Aufgabe. Im Anschluss daran gibt es eine Überraschung. Mit einer Feedbackrunde schließen wir unser Seminar ab."		
- Einführung in die Methode	„In der Einführungsrunde werden wir unterschiedlichen Ernährungseinstellungen bewusst. Auch werden wir werden sehen können wie unterschiedlich die verschiedenen Geschmäcker unserer Gruppe sind." „Jeder von Ihnen hat mit Sicherheit seine ganz speziellen Vorlieben und Abneigungen, die sich im Laufe Ihres Lebens entwickeln und verändern." „Als Einführung zur individuellen und biografischen Dimension der Ernährung werden wir mit einem kulinarischen Steckbrief beginnen. Wir werden Geschmacksvorlieben und Abneigungen, Speisen die uns auszeichnen und für welche wir kulinarisch bekannt sind, selber benennen und uns gegenseitig vorstellen." (Vorschlag des Steckbriefes befindet sich im Anhang) Fragen die auf dem Steckbrief stehen: Was sind Ihre Lieblingsspeisen? Gibt es etwas wofür Sie kulinarisch bekannt sind?		- Für jede/n Teilnehmer/in ein „kulinarischer Steckbrief", -Stifte - Pinwand und Pinnadeln

- Ausfüllen des Steckbriefes	Was schmeckt Ihnen überhaupt nicht? Zeichnet sie irgendein Ernährungsverhalten besonders aus? „Bitte nehmen sie sich alle einen Steckbrief und einen Stift und füllen sie ihn in Einzelarbeit aus." Die Teilnehmer füllen den kulinarischen Steckbrief aus.		
- Gegenseitiges Vorstellen - Schlusswort der Seminarleitung und Überleitung in die nächste Methode	„Jetzt bitte ich Sie, dass sie sich nacheinander den kulinarischen Steckbrief kurz vorstellen und ihn dann an die Pinwand pinnen." „Wir sehen, dass jeder Einzelne von Ihnen unterschiedliche Vorlieben und Abneigungen zu bestimmten Gerichten mitbringt. Dies zeichnet Ihre Persönlichkeit aus. Jeder von Ihnen ist für andere Speisen bekannt. Die individuelle Dimension lässt sich hierbei leicht erkennen. „Um den Zusammenhang des aktuellen Essverhaltens in Bezug auf die Ernährungsbiografie zu verstehen, habe ich für sie folgende Methode vorbereitet." „Dafür bitte ich sie den Stuhlkreis aufzulösen, stellen Sie die Stühle hinter die Tische."		
- Einführung und Vorstellung der Methode	„Unterschiedliche Komponenten prägen unsere Ernährungsgewohnheiten. Neue Erfahrungen kommen hinzu, beeinflussen uns, Zielsetzungen wandeln sich. Jede Lebensphase bringt eine spezielle Änderung im Ernährungsverhalten mit sich. Von der Geburt bis heute hat jede Phase ihre besonderen Ernährungsgewohnheiten. Im Kleinkindesalter sind sie größtenteils fremdbestimmt (die Eltern füttern und kochen und bestimmen somit was auf den Tisch kommt). Jede biografische Phase kann unterschiedliche Ausdrücke mit sich bringen, wie Lebensfreude, Suche nach Trost, Herstellung biografischer Kontinuität, Übernahme von Verantwortung, oder aber auch Flucht in eine Ersatzwelt. Hinter übermäßiger Aufnahme oder Ablehnung von Nahrung verbergen sich oft verschiedene Formen von Kompensation. In Situationen, in denen biografische Umbrüche stattfinden, in denen wir uns in seelischen Konflikten befinden, Stress, aber auch Schwangerschaften, oder allein ein unerwarteter Umzug kann z.B. unser Essverhalten verändern." „Durch Reflexion der eigenen Ernährungssituation über die gesamte Lebensspanne hinweg, (unter Einbeziehung prägender Ereignisse, Umstände etc.) lernen Sie Ihre Persönlichkeit wert zu schätzen. Sie entdecken die Besonderheiten Ihres Ernährungsverhaltens und wie dieses beeinflusst werden kann. Ihre Selbstreflexion ermöglicht Ihnen einen nachhaltigen, gesunden Ernährungsstil zu finden."	- Essbiografie (ca. 50 min.)	
- Einzelarbeit	„Nehmen sie sich jetzt bitte jede/r ein Plakat und wenn Sie wünschen, weitere bunte Stifte. Jetzt wollen wir uns mit unserer eigenen Lebensgeschichte, der eigenen Essbiografie auseinandersetzten. Dafür zeichnen Sie bitte auf das Plakat eine Linie, die ihre Lebenslinie darstellen soll. Dann kennzeichnen Sie wichtige Daten von Ihrer Kindheit bis heute (Geburt, Kindergarten, Schulanfang, etc.). Beschäftigen sie sich anhand dieser Zeitlinie mit dem Thema Ernährung in ihrer Lebensbiografie. Ich habe ein Plakat vorbereitet, das Ihnen als Hilfestellung dienen kann (Plakatvorschlag befinden sich im Anhang). Ich werde es aufhängen." „Sie haben dafür 30 Minuten Zeit." Die Teilnehmer beschäftigen sich in Einzelarbeit mit ihrer eigenen Ernährungsbiografie.		- Für jeden Teilnehmer ein Plakat und weiter bunte Stifte. - Plakat mit Fragen zu Hilfestellung, Tesafilm
- Vorstellungsrunde	„Nun wollen wir die Ergebnisse uns gegenseitig vorstellen und sie an den Pinnwänden sichtbar machen." Die Teilnehmer stellen ihre Plakate nacheinander vor.		#- Pinnwände und Pinnnadeln
- Abschlussworte	„Nachdem Ihnen allen klar geworden ist, wie viele Faktoren auf Ihr Essverhalten wirken und woher einige Ihrer noch heutig anhaltenden Essgewohnheiten herkommen, können sie sich Gedanken darüber machen, wo Sie in Zukunft hin wollen. Wie können wir ein neues Essverhalten entwickeln? Binden Sie ihre Erkenntnisse in den Alltag ein."		
- Hausaufgabe wird von der Seminarleitung vorgestellt	„Um ihr Ernährungsverhalten in Bezug auf ihre eigene Lebensgeschichte noch genauer zu analysieren, stelle ich Ihnen noch eine weiterführende Aufgabe. Analysieren Sie ihr Essverhalten im Hinblick auf Ihr Wohlbefinden und im Hinblick auf Ihre Gesundheit. Verwenden Sie dazu ein Ernährungstagebuch, in welches Sie 3 Tage lang alles genau aufgeschrieben, was sie in dieser Zeit gegessen und getrunken haben. Von den Hauptmahlzeiten über die Zwischenmahlzeiten, bis hin zu allen Getränken. Notieren Sie die Zeiten der Nahrungsaufnahme und die Mengen. Danach wird das Ergebnis ausgewertet. Sie erkennen, inwieweit ihr eigens Essverhalten selbst- oder fremdbestimmt ist. Sie lernen Zusammenhänge Ihrer eigenen Ernährungsbiografie wahrzunehmen und zu beobachten. Sie stellen fest, ob und wie sich Ihr Ernährungsverhalten geändert hat. Sind Sie mit ihrem Essverhalten zufrieden? Werten Sie aus, was sie gerne beibehalten	- Ernährungstagebuch (ca. 5 min.)	- Ein kleines Büchlein oder Papier, Stifte

	möchten, bzw. verändern wollen und können."		
	„Dieser Aufgabe stellen wir uns am Ende der Schulung. Aus Zeitgründen kann sie leider nicht mehr gemeinsam analysiert werden."		
- verteilen des Informations-materials	„Ich habe für Sie ein Infomaterial mit genauerer Beschreibung vorbereitet." (das Informationsmaterial befindet sich im Anhang) Das Informationsmaterial wird verteilt.		- Informations-material
- Verteilen des Abschluss-geschenkes	„Nun habe ich für Sie noch die versprochene Überraschung." „Alle Ihre Rezepte der vergangenen Seminareinheiten, habe ich für jede/n zu einem Kochbuch zusammengestellt. Auch als Dankeschön für Ihre Mitarbeit."	- Kulin-arisches Abschluss-geschenk (ca. 5 min.)	- Für jede/n eine gebundene Kopie des Kochbuches
- Einführung in die Feedback-methode - Zurufe - Zusammen-fassung - Verab-schiedung	„Rückblickend auf unsere Schulung zur Einführung in die Ernährung, würde ich gerne mit Ihnen eine kurze Feedbackrunde durchführen. Dafür habe ich zwei Plakate vorbereitet (Abbildungsentwurf befindet sich im Anhang). Auf einem der Plakate befindet sich die Abbildung eines Erntewagens, auf dem anderen die Abbildung eines Müllwagens." „Nun bitte ich Sie, mir durch Zurufe Sachliches, sowie auch Ihr persönliches Feedback zu geben. In den Erntewagen trage ich alles ein was die Schulung an Früchten getragen hat, in den Müllwagen notieren wir, was künftig unbrauchbar ist." „Vieles ist zusammengekommen." Die Schulungsleitung fasst das Feedback noch einmal zusammen und gibt ein Schlusswort. „Die Zusammenarbeit mit Ihnen hat mir viel Freude bereitet. Ich danke für Ihre Mitarbeit und wünsche Ihnen alles Gute."	- Feedback-runde: Ernte-wagen, Müllwagen (ca. 15 min)	- Zwei Plakate, einmal mit der Abbildung eines Erntewagens, des zweite mit der Abbildung eines Müllwagens, - Tesafilm, - Stifte

5.) QUELLENNACHWEIS

Internet:
www.aid.de
Schnögl, Sonja; Zehetgruber, Rosemarie; Danninger, Silvia; Setzwein, Monika; Wenk,
Regina; Freudenberg, Madlen; Müller, Claudia; Groeneveld, Maike (2006): Schmackhafte
Angebote für die Erwachsenenbildung und Beratung, Handbuch und Toolbox, Food
Literacy. Bildung und Kultur Sokrates [letzter Zugriff im Juni 2008l]

www.zentrum-patientenschulung.de/artikel/Leitfaden_Manualerstellung_Zentrum-
Patientenschulung.pdf
V. Ströbl; R. Küffner; A. Reusch; H. Vogel; H. Faller (2007): Hinweis zu Erstellung eines
Schulungsmanuals [letzter Zugriff im August 2008]

Literatur:
Heindl, Ines: Biographische Aspekte des Essens und Trinkens – ein Workshop-Konzept. In:
Barbara (Hg.): Essen lehren – Essen lernen. Beiträge zur Theorie und Praxis der
Ernährungsbildung. Baltmannsweiler 1999. S.175 – 182

6.) ANHANG

„Kulinarischer Steckbrief"

- Was sind Ihre Lieblingsspeisen?
- Gibt es etwas wofür Sie kulinarisch bekannt sind?
- Was schmeckt Ihnen überhaupt nicht?
- Zeichnet Sie irgendein Ernährungsverhalten aus?

Plakatvorschlag als Hilfestellung für die „Ernährungsbiografie"

- Welche Mahlzeiten haben Ihre Kindheit geprägt?
- Was mochten/möchten Sie gerne?
- Was haben Sie abgelehnt? Was lehnen Sie ab?
- Was hat sich geändert?
- Welche Essens- und Nahrungsregeln wirken heute immer noch?
- Haben Sie irgendwelche speziellen Erfahrungen, oder Erlebnisse mit Lebensmitteln gemacht, die Sie heute noch prägen?
- Gab es bei Ihnen irgendwelche biografischen Umbruchsituationen (Schulwechsel, Scheidung der Eltern, Partner, Schwangerschaft, etc.)? Haben diese Ereignisse Ihre Ernährung verändert?
- Wie weit ist Ihr Essen selbst- oder fremdbestimmt?

Informationsmaterial für die Hausaufgabe „Ernährungstagebuch"

Lernziele: Überdenken des eigenen Essverhaltens hinsichtlich Gesundheit und Wohlbefinden, bzw. hinsichtlich selbst- und fremdbestimmter Ernährungsentscheidungen.

Aufgabenstellung: Notieren Sie die nächsten drei Tage lang was sie gegessen haben, bzw. essen, um ein Gefühl dafür zu bekommen, ob Sie mit ihrem Essverhalten zufrieden sind, bzw. was möchten Sie gerne verändern/verbessern? Danach erfolgt eine Auswertung.

Mögliche Fragen als Hilfestellung zur Auswertung:

* Ist Ihnen das Ausfüllen leicht gefallen?
* Was ist Ihnen Besonderes aufgefallen?
* Welche Einflussfaktoren hatten die stärkste Wirkung?
* Ist Ihnen etwas in Bezug auf Ihre eigene Essbiografie aufgefallen?
* Hat sich das Essverhalten durch das Seminar geändert?
* Sind Sie mit Ihrem Essverhalten zufrieden?
* Warum? Warum nicht?
* Überlegen Sie wer, oder was die „Macht über Ihren Magen" hat und damit bestimmt, was bei Ihnen auf den Tisch kommt! Handelt es sich um ein Angebot der Kantine, um ein Angebot aus dem Supermarkt, sind es bestimmte Familienmitglieder, die einfach nur bestimmte Speisen essen wollen? Oder fühlen Sie sich in Ihrem Essverhalten so selbstbestimmt, dass Sie wirklich nur essen, was Sie selbst auch gerne essen möchten?

Allgemeine Hinweise zum Ausfüllen: Notiert werden alle Speisen, Getränke und gegebenenfalls Nahrungsergänzungsmittel, die konsumiert werden / wurden. Es soll auch der Zeitpunkt des Verzehrs protokolliert werden. Wichtig sind alle Mahlzeiten und auch die Kleinigkeiten zwischendurch. Wenn eine ganz Mahlzeit ausfällt, soll dies ebenfalls notiert werden.

Hinweise zur Beschreibung der Mahlzeiten: Beschreiben Sie die Art des verzehrten Lebensmittels/, der verzehrten Speise, so genau wie möglich: Zubereitungsart (gegrillt, gekocht, gedünstet, frittiert, gebraten ...), Markenname bei Fertiggerichten. Beschreibung der Kekse/Süßigkeiten (Butterkekse, Biskotte, Waffeln mit Nussfülle, Krapfen, Biskuitkuchen mit Obst ...). Art der Lebensmittel: Käse (z. B. Bergkäse 45 % Fett i. Tr. ...), Fisch (Forelle, Fischstäbchen ...), Wurst (Salami, Bergsteiger ...), Fleisch (Schweinsschnitzel mager, Jungrind-Vorderes, Putenbrust ...). Mengenangaben, bitte so genau wie möglich! (Gramm, Dekagramm, Viertelliter, Teelöffel, oder Esslöffel/gestrichen, oder gehäuft, handtellergroße Schnitzel, hühnereigroße Erdäpfel, kleine Schöpfer Reis, tennisballgroße Knödel ...).

Beispiel: Montag 01.08.2008

Mahlzeit	Zeit	Speise / Menge	Getränke	Situation	Motiv fürs Essen
Frühstück	07.00	2 Scheiben Brot, ca. 1 TL Butter, ca. 1 TL Marmelade, 2 Blatt Edamer	2 Tassen Grüntee (ca. 400ml), 1 Glas Orangensaft (200ml)	Mit der Familie bei Tisch	Am Morgen habe ich Hunger
2. Frühstück	08.30	1 Butterbrezel	1 Tasse Kaffee, 1 TL Zucker, 3 EL Milch ¼ l Wasser	Zwischen zwei Schulstunden im Klassenzimmer	Gehetzt, nebenbei
Pause	10.00	1 Naturjogurt (180g), 1 Apfel, 1 Banane	¼ l Mineralwasser	Pausenhof	Lieb gewordene Tradition und Hunger
Mittagessen	12.30	Portion Lasagne, Kopfsalat	¼ l Apfelsaftschorle	In der Kantine	Das gab es heute halt
Pause	15.00	1 Apfeltasche		Bei den Hausaufgaben	Von Mama
Zwischendurch	16.00	2 Schokoladenriegel		Bei den Hausaufgaben	Frust

etc. ....

Erntewagen

---> FOTO

REICHE ERNTE...

Müllwagen

---> FOTO

UNBRAUCHBARES...

BEI GRIN MACHT SICH IHR WISSEN BEZAHLT

- Wir veröffentlichen Ihre Hausarbeit, Bachelor- und Masterarbeit

- Ihr eigenes eBook und Buch - weltweit in allen wichtigen Shops

- Verdienen Sie an jedem Verkauf

Jetzt bei www.GRIN.com hochladen und kostenlos publizieren